奇趣海洋馆

狡猾的

海洋猎手

屠强 等 / 编著

人民邮电出版社

北 京

图书在版编目（ＣＩＰ）数据

奇趣海洋馆. 狡猾的海洋猎手 / 屠强等编著. -- 北

京 ： 人民邮电出版社, 2024.8

ISBN 978-7-115-63691-1

I. ①奇… II. ①屠… III. ①水生动物－海洋生物－

普及读物 IV. ①Q958.885.3-49

中国国家版本馆 CIP 数据核字(2024)第 033169 号

内 容 提 要

海洋世界精彩纷呈，吸引着人们进行探索。海洋中生活着不计其数的动物，这些动物或奇特或美丽。在长期的适应、演化过程中，它们以错综复杂的关系形成了一张庞大的生态网，这张网孕育出了海面之下各类生态环境中的无限生机。本书展示了一群生活在海洋里的危险角色，尽管它们在体形、外貌和习性上差异很大，但各自都具有高超的猎食技巧。

本书通过大量画质细腻的高清照片使读者能够直观地了解这些善于捕猎的海洋动物，启发读者保护这些和人类共同生活在地球上的奇妙成员，适合对海洋动物感兴趣的青少年阅读。

◆ 编　　著　屠　强　等
　　责任编辑　张天怡
　　责任印制　陈　犇

◆ 人民邮电出版社出版发行　　北京市丰台区成寿寺路 11 号
　　邮编　100164　　电子邮件　315@ptpress.com.cn
　　网址　https://www.ptpress.com.cn
　　北京宝隆世纪印刷有限公司印刷

◆ 开本：787×1092　1/20
　　印张：4.8　　　　　　　　2024 年 8 月第 1 版
　　字数：100 千字　　　　　2024 年 8 月北京第 1 次印刷

定价：20.00 元

读者服务热线：(010)81055410　印装质量热线：(010)81055316
反盗版热线：(010)81055315
广告经营许可证：京东市监广登字 20170147 号

前言

一说起海洋，最吸引读者眼球的当然要数那些可爱的海洋动物，它们要么披着一身绚丽的外衣，要么长着天然呆萌的模样，要么自带神秘特质……几乎每种海洋动物的"个人简历"都是一篇生动有趣的故事。事实上，我们对海洋和海洋动物的了解还十分有限，还有无数未知领域等待我们去揭秘，在它们的故事里，可能还会增加更为丰富的内容。

"奇趣海洋馆"系列是"海洋生物大观园"丛书的修订版本。"海洋生物大观园"丛书一经问世便吸引了大量读者，同时还有幸获得了第三届"中国科普作家协会优秀科普作品奖"金奖和科技部"2014年全国优秀科普作品"的荣誉。现在我们将这套丛书重新编辑整理，力图以全新的面貌展现海洋动物的千奇百怪。你现在看到的这本书里，有一群生活在海洋里的危险角色，它们大多是"冷血杀手"，猎捕食物毫不留情，堪称生活在海洋里的完美猎人。

和陆地上的动物一样，海洋里的动物也都生活在各式各样的环境中。即使在人类眼里，很多环境条件并不适合生命活动，但仍然阻挡不了勇敢的海洋动物努力探索和适应的步伐，所以才形成了今天我们所见到的千姿百态的海洋动物世界。比如，在水温高达400摄氏度、水中富含有毒化学物质的海底热液附近，生活着种类繁多的蠕虫、海葵、螃蟹、鱼类；

在没有一丝光线的深海中，也生活着许许多多样貌奇特、具有重要生态位的海洋动物，为了适应深海环境，它们演化出了很多特殊的身体器官或功能，给海洋增添了许多神秘色彩，这样的例子数不胜数。

海洋是无数生命的家园，英国海洋生物学家阿利斯特·哈迪还曾提出"人类起源于海洋"的猜想。同时，海洋的面积约占地球表面积的71%，并且决定着地球气候的干湿、冷暖，这更使得海洋对于地球上的生命具有不可替代的特殊意义。不过，随着人类不断开发利用各类自然资源，地球环境面临前所未有的压力，海洋也不例外。我们可以看到很多因人类活动而灭绝或者濒临灭绝的海洋动物，它们同很多陆地动物一样，曾经是地球上一抹绚丽的色彩，最终却难逃灭绝的悲惨命运。在人类贪婪攫取海洋资源的过程中，无节制的捕捞使无数海洋动物成为我们的盘中餐；无数海洋动物因为海洋污染而失去生命；大片大片珊瑚礁因海洋升温而白化死去；越来越多被称为海洋中的"$PM_{2.5}$"（细颗粒物）的微塑料污染物，通过动物呼吸或自身吸附在某些食物上的方式进入海洋动物体内，这不仅给海洋生态环境带来严重威胁，最终还有可能又变成食物被摆上人类的餐桌。

这是值得所有关心地球、关爱生命的人们都关注的。在我们从多姿多彩的海洋动物那里获得美的感受和身心的愉悦时，不要忘记一些举手之劳，如节约每一滴水，少吹10分钟空调，减少塑料袋的使用，等等。这些小小的举措可能就会带给海洋动物不一样的明天。

本书阅读指南

剑鱼

力穿钢板的死亡之剑

箭鱼、剑旗鱼
Swordfish
Xiphias gladius
动物界 / 脊索动物门 / 辐鳍鱼纲 / 鲈形目 / 剑鱼科 / 剑鱼属

动物的中文别名

动物的英文名

动物的学名

分类信息

剑鱼是一种大型的掠食性鱼类，吻部由前颌骨及鼻骨组成，直直地伸向前方，形成又尖又长的剑状，故而得名。剑鱼的"利剑"威力无比，能轻易戳穿渔船的木板，甚至能穿透钢板。

动物的外貌特征

可怕的"死亡之舞"

剑鱼的捕食方式十分特殊。它们常以迅雷不及掩耳之势闯进鱼群，然后突然从水中跃起又迅速落下，以激起巨大的水花；这样几跃几落后，多数猎物便被震昏。之后，剑鱼又以闪电般的速度，挺着它们能够穿透钢板的"利剑"在鱼群中来回地横冲直撞，被剑鱼撞着的鱼，非死即伤。最后，剑鱼才开始慢慢享用这些猎物。剑鱼这一番热闹的捕食场景堪称"死亡之舞"。

海洋猎手的习性与本领

目
录

虎鲸

海洋战神

杀人鲸
Killer whale
Orcinus orca
动物界 / 脊索动物门 / 哺乳纲 /
鲸偶蹄目 / 海豚科 / 虎鲸属

性情凶猛的海洋战神

虎鲸性情凶猛且残暴贪食，面对各种猎物从来都是来者不拒。无论是鱼类、海鸟、乌贼、海豚，还是露脊鲸、长须鲸、座头鲸、灰鲸、白鲸等大型鲸类，甚至连体形庞大的蓝鲸和海洋杀手大白鲨，都在它们的捕食之列。因此，虎鲸又有杀人鲸、恶鲸、杀手鲸、逆戟鲸等别称。曾有人在一头虎鲸的胃里发现了 13 只海豚和 14 只海豹，可见虎鲸的胃口之大、战斗力之强，可以说是当之无愧的海洋战神。更令人毛骨悚然的是，虎鲸不仅凶猛，而且残忍——它们喜欢吃鲸类的舌头。虎鲸常常趁一头巨鲸在张开大嘴吸食时发起攻击，残忍地咬下对方的舌头，使其当场疼痛而死。

虎鲸的牙齿和神"舵"

虎鲸的捕食武器便是它那两排坚硬如石的牙齿。虎鲸上下颌各有 10 到 13 对（一说 10~12 对）长 10 到 13 厘米、呈圆锥形的大牙齿。这些牙齿朝口腔内弯曲，且上下相互交错，形成一个坚固的"牙笼"，能有效困住猎物，使被擒猎物犹如囊中之物，难逃"虎口"。但是，虎鲸的牙齿虽坚硬，却不锋利。因此，面对捕获的猎物，虎鲸通常都是整个吞下。虎鲸的嘴很大，能一口吞下一只海狮。

虎鲸能成为海洋战神也离不开它们的"撒手锏"——背鳍。在虎鲸的背部中央耸立着大而尖的背鳍，且其形状取决于虎鲸的年龄和性别。成年雌虎鲸和幼年虎鲸的背鳍常呈镰刀形；成年雄虎鲸的背鳍则呈强大的三角形，如棘刺般直立于背部，高达 1 到 1.8 米。虎鲸的背鳍既是它们的进攻武器，又是它的神"舵"，在虎鲸追捕猎物时，助其保证身体平衡，准确地捕杀到猎物。

团体作战的捕食方式

　　虎鲸被称为"鲸中第一杀手"，其强大的攻击力主要来自团体作战的捕食方式。虎鲸熟谙集体围猎的威力，几头或几十头虎鲸通过巧妙的分工合作，能有条不紊地将猎物变作自己的美餐。比如面对鱼群时，虎鲸会围成一个圈将鱼群团团围住，封锁死出路，然后轮番闯入"猎场"饱餐而归。面对鲸类等大型猎物时，虎鲸则会群体一齐出击，以群狼围孤鹿之势，将猎物捕获囊中。有人曾经目击20多头虎鲸捕食一头约18米长的蓝鲸的血腥场面：只见20多头虎鲸从四面八方一起扑向蓝鲸，两头虎鲸咬住头部，两头虎鲸咬住尾部，其他的虎鲸从两侧将蓝鲸团团围住。然后这些如狼似虎的虎鲸轮番冲上去，残忍地咬掉蓝鲸的背鳍、尾巴，使其难以游动；接着，又咬掉它的舌头，剧烈的疼痛使蓝鲸失去了大半抵抗力。虎鲸又趁势将蓝鲸身上的肉一块块撕下……不到1小时的时间，庞大的蓝鲸就被虎鲸们"大卸八块"了。

虎鲨

鲨中老虎

Tiger shark
Heterodontus
动物界 / 脊索动物门 / 软骨鱼
纲 / 虎鲨目 / 虎鲨科 / 虎鲨属

　　虎鲨身上长有独特的虎斑状花纹，故而得名。虎鲨是虎鲨属8个种类的统称，它们体粗身短，头部近似方形，两颌具锐牙，两背鳍各有一个硬棘，尾鳍宽短呈帚形。行踪神秘的虎鲨凶残可怕，甚至连同类都不放过，号称"冷血杀手"。

食肉成性的"鲨中老虎"

　　凶残的本性和高超的捕食能力让虎鲨成为名副其实的"鲨中老虎"。在庞大的鲨鱼家族中，虎鲨是凶猛残忍程度仅次于噬人鲨的食肉动物。虎鲨常常游弋在热带的浅海区域，一有猎物则迅速出击。虎鲨通常在咬住猎物后，凶残地从猎物身上撕扯下大块的肉，瞬间将包括鲸残骸和其他海洋哺乳动物在内的猎物吞噬完毕。科学家曾在海岸拍摄到一组虎鲨迅速分食一头巨鲸尸体的画面，不到半小时，巨鲸的尸体已经被虎鲨群吃掉了一半。食肉成性的虎鲨不仅贪食海洋动物，也常常袭击人类。航海人员常常遇到虎鲨跃出水面后撞击船体，甚至扑向发动机进行袭击的情况。

13

无坚不摧的利牙

　　虎鲨的凶猛无敌离不开它们那两排无坚不摧的利牙。虎鲨的两颌排列着令人触目惊心的利牙：前排牙齿细尖，呈门牙状；两侧牙齿平扁，呈臼齿状。这些锋利无比的牙齿能咬断、磨碎十分坚硬的物体。人或其他动物不幸被其咬到，很可能有生命危险。而且，虎鲨的牙齿一旦因老化或受伤掉落，牙床上能马上长出新牙，自动补齐到先前牙齿掉落的位置。所以，虎鲨的牙齿永远都保持着尖锐强健的状态，随时准备着撕咬各种猎物。

小眼长鼻的流线型猎手

　　虎鲨的眼睛小而呈椭圆形，但视力绝佳；鼻子长在头部的前部，看上去就像猪的鼻子一样，嗅觉异常灵敏。凭借着小眼长鼻，虎鲨能轻易侦测到附近猎物藏身处的磁场变化，也能通过感知远处鱼群游动时引起的水流波动，顺藤摸瓜，准确找出猎物的藏身之所，并展开猛烈的攻击。虎鲨的身体呈流线型，且尾巴能像舵一样灵活控制前进方向，因此虎鲨在觅食时常常能神出鬼没，以迅雷不及掩耳之势将猎物一击制伏。

噬人鲨

嗜血巨物

大白鲨
Great white shark
Carcharodon carcharias
动物界 / 脊索动物门 / 软骨鱼纲 /
鼠鲨目 / 鼠鲨科 / 噬人鲨属

噬人鲨是一种大型进攻性鲨鱼。它们身体硕重，尾部呈叉形，牙大而呈三角形，且有锯齿边缘。噬人鲨称得上是海洋中最厉害的杀手之一了。这种鲨鱼个头大、体表颜色白，一般体长 6 到 8 米，重达 3 吨，最大的个体体长能达到 12 米。

噬人鲨出没的地方

噬人鲨是世界上唯一的暖血鲨鱼，它们几乎遍布全球各处暖水海域，而在澳大利亚南部、南非、美国的加利福尼亚州和墨西哥的瓜达卢佩岛海域分布最为集中，在地中海和亚得里亚海也有一定的分布。噬人鲨是一种远洋鱼类，但由于近岸有大量的海豹、海狮、鲸类、其他鲨鱼和大型硬骨鱼类，这给噬人鲨带来了丰富的食物，所以它们也常常在这些海域出没。人们根据观察发现，噬人鲨的活动范围相当广泛，从海洋表面到超过 1 200 米的海洋深处，都能够见到它们的身影。

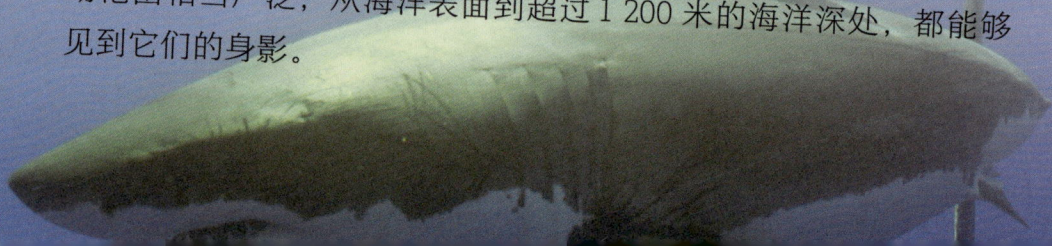

嗜血成性的噬人鲨

　　噬人鲨和其他鲨鱼一样有非常敏锐的嗅觉，能准确探测猎物所在的方向。科学家发现，噬人鲨能闻出很远一段距离处的极微弱的血腥味。因而，一旦人或海洋动物在水中受伤都能招来它们的袭击。此外，噬人鲨灵敏的触觉甚至能感知其他动物肌肉收缩时产生的微小电流，并借此判断猎物的位置。在人们已知的攻击性鲨鱼中，噬人鲨是最强有力、最具攻击力、最令人感到恐怖的一种。噬人鲨不仅牙齿锋利异常，皮肤也充满了杀伤力。原来，噬人鲨虽然没有鱼鳞，但是皮肤上长满了粗糙的倒刺。因此，噬人鲨在水中游弋时，不小心与它擦身而过的动物便会鲜血淋漓，进而成为噬人鲨的食物。

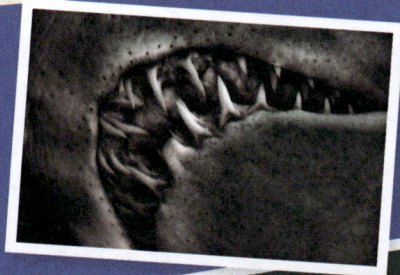

贪吃不贪多

　　贪吃的噬人鲨在觅食时几乎会将目标食物一网打尽，甚至同类之间常常因为争食而互相残杀。遇到轮船或飞机失事，造成大量"食饵"落水时，噬人鲨的贪食本性便会暴露无遗——闻味而来的噬人鲨从四面八方群集而至，瞬间就将猎物吞噬殆尽。不过，噬人鲨也不总是嗜血成性。只要饱餐一次，它们就可以坚持几个星期不再猎食。此时，除非受到袭击，否则它们基本上没有攻击性。据说，有人曾用大量混有鲜血的鱼、肉作诱饵逗引饱食后的噬人鲨，它们只是围着食物游来游去，平时的贪婪和凶残踪影全无。噬人鲨高兴起来，会见到什么就吞什么。有人曾在噬人鲨的胃中发现了一只大海狮，可见噬人鲨的胃口之大。它们的胃内有一层坚韧的壁，吞下再古怪的东西也不会弄伤它们，但是也有人见到过腹部由内向外被蝠鲼的尾棘刺穿的噬人鲨。

南极海豹

极地强盗

Antarctic Seal
Phocidae
动物界 / 脊索动物门 / 哺乳纲 / 食肉目 / 海豹科

　　南极海豹特指常年生活在南极辐合带以南的海豹，共有5种：威德尔海豹、南象海豹、豹海豹（又称豹形海豹）、锯齿海豹和罗斯海豹。它们属于《南极条约》保护动物，是不允许捕杀的。南极海豹是肉食性海洋动物，它们大多浑圆可爱，膘肥体胖，流线型的身体呈纺锤状，头部似家犬，四肢演化为鳍状，因此它们善游泳。它们的毛皮颜色还会随年龄的增长而变浅。它们大部分时间栖息在海中，在脱毛、繁殖期间会爬上陆地或浮冰生活。

是游泳健将也是顶级猎手

南极海豹主要以各种鱼类和头足类动物为食，有时也吃甲壳类动物。它们的食量很大，一头 60 到 70 千克重的南极海豹，一天要吃 7 到 8 千克食物才能满足其贪婪的胃口。但是，要想在海洋中捕捉那么多猎物，没有一流的游泳技术是不行的。一旦进入水中，海豹立马一改陆地上的笨拙模样，灵活地穿梭于海水中，俨然一名游泳健将。原来，南极海豹形如纺锤，光滑的流线型身体是其适于游泳的先天性条件。此外，南极海豹的两后肢伸向躯干后方，游动时犹如潜水员的两只脚蹼在水中摆动，可以推动身体迅速前进。据测定，南极海豹的游泳速度最高可达每小时 37 千米。南极海豹还善于深潜，可以轻松潜入数百米之下的海洋深处。其中，威德尔海豹能潜到海面下 600 多米，并且能持续 43（一说 73）分钟之久。

体形庞大的企鹅天敌

　　豹海豹是南极海豹中的一个狠角色，号称南极地区的"海中强盗"。豹海豹体形庞大，全身有花斑。一般成年的豹海豹体长可达3至4米，体重300至400千克。豹海豹牙齿锋利，嗅觉灵敏，虽然主要捕食鱼类，但也经常攻击企鹅。豹海豹常常不动声色地埋伏在一些阴暗的角落里或狭窄通道处，静静地守候猎物的出现，然后伺机出击。曾经有野生动物摄影师拍到这么一个残忍的镜头：一只毫无戒备的企鹅爬上浮冰时，不幸遭到了等候猎物多时的豹海豹的袭击。只见豹海豹以箭一般的速度冲上去，一口咬住企鹅的双脚，可怜的企鹅在豹海豹两排长达5厘米的利齿的夹击下毫无挣脱之力。但奇怪的是，豹海豹在抓住企鹅后并没有立即吞食。相反，它费劲地把企鹅拖上冰面，又狠狠地将企鹅抛向冰川，然后连续使劲地抖动奄奄一息的企鹅的身体，直至企鹅身上的羽毛完全脱尽，这才狼吞虎咽地把企鹅吃掉。原来，挑食的豹海豹不喜欢吃企鹅的羽毛。

唯一会攻击人类的海豹

豹海豹也是唯一会攻击人类的海豹。一旦有人近距离靠近它们或者激怒了它们，这些凶猛的家伙便会向人类发动猛烈攻击。曾经有一位年轻的南极研究人员在拍摄豹海豹捕食的照片时，因受到豹海豹的攻击而不幸死亡。还有一位在南极英国罗瑟拉考察站附近水域考察的英国海洋生物学家科斯蒂·布朗，他在港湾中开展水下作业时，被毫无预兆就发起进攻的豹海豹拖入水下。

龟鲛

海洋集团军

梭鱼、梭子鱼
Barracuda
Chelon haematocheilus
动物界 / 脊索动物门 / 辐鳍鱼
纲 / 鲻形目 / 鲻科 / 龟鲛属

龟鲛即梭鱼，是一种近海鱼类。这种鱼身体细长，呈纺锤形，最大的龟鲛长达 1.8 米。龟鲛的头短而宽，呈方形，下巴阔大，且长有一口密密麻麻的钉状尖牙，如狼牙般突出，所以龟鲛又被称为"海狼鱼"。

群起进攻的海洋集团军

　　龟鲛在遇到攻击时，会从四面八方汇聚起来进行团队作战。龟鲛的眼力很好，而且特别机警，每当身边有其他生物出现时，机敏的龟鲛都能第一时间意识到，并迅速做出反应。当龟鲛群遭到外敌袭击时，鱼群中所有的龟鲛都会聚集起来，排列成各种壮观的队形。比如，上百条龟鲛组成的巨大队形常常被两眼昏花的鲨鱼误认成一条可怕的"超级大鱼"，从而放弃对其进攻。除了以众造势外，龟鲛还常常用身上的鳞片反射出的光来迷惑敌方。围聚在一起的龟鲛身上的银灰色鳞片能反射出强烈耀眼且闪烁不定的鳞光，从而使敌方陷入迷惑，龟鲛群则可趁机逃脱。龟鲛看似其貌不扬，但靠着联合起来的力量，它们甚至能击退鲨鱼那样的大型天敌。

牙齿锋利的龟鲛

　　龟鲛的尖牙非常锋利，能一口咬住猎物，甚至还会伤人。它们锐利无比的尖牙，能使猎物瞬间毙命，然后它们再撕裂猎物身上大块的肉。不过，龟鲛一般只吃猎物身上柔软的部分。由于龟鲛习惯在远海水域捕食，科学家很难观察到它们完整的捕猎过程。为了更好地研究龟鲛的食性和捕食特点，有人曾将捕获的龟鲛进行圈养，但是被圈养的龟鲛常常没过多久就死去了。所以，关于龟鲛的捕猎过程及特点，至今仍是个未解之谜。

捕不到猎物绝不收场

　　龟鲅的凶猛常常表现在对食物的掠夺上，贪食的龟鲅对各种食物都是来者不拒，曾有人在龟鲅的胃里发现了老鼠、麝鼠、野鸭的残骸。被饥饿冲昏头脑的龟鲅甚至连同类都不放过。曾有一位钓鱼者钓到了一条小龟鲅，然而，正当他准备收线时，突然，一条大龟鲅飞扑过来，一口咬住了小龟鲅，死不松口，即便钓鱼者将大小龟鲅都抓上来时，饿急了的大龟鲅还死死咬着小龟鲅不放。

蝰鱼

面目狰狞的凸齿鱼

毒蛇鱼、凸齿鱼
Viperfish
Chauliodus
动物界／脊索动物门／辐鳍鱼纲／
巨口鱼目／巨口鱼科／蝰鱼属

蝰鱼外形怪诞，长相十分吓人。蝰鱼身形细长，体形很小，不过30厘米。但它们头大、眼大、吻短；巨大的黑眼睛为了在黑暗的海底收集更多的光线，常常闪烁着寒光，令人不寒而栗。它们的上颌长着少量尖牙，下颌则长有数不清的尖牙。因为牙齿多得甚至无法全部安放在嘴里，只能胡乱地伸到嘴外，所以，蝰鱼又有"凸齿鱼"之称。不仅如此，蝰鱼下排的牙齿还长于上排牙齿，且向后弯曲生长，以至快碰到眼睛了，使其看上去十分可怕，因此蝰鱼也成了深海中面目最狰狞的鱼类之一。

凶狠的獠牙武器

　　面目狰狞的蝰鱼不仅看起来恐怖，而且具有可怕的杀伤力。作为海洋深处的凶猛捕食者之一，蝰鱼的一口獠牙功不可没。蝰鱼白天栖息在海平面下500至2 800米的深海环境中，夜间则会游至20至200米深的浅海区域活动觅食。蝰鱼的游动速度非常快，一旦发现猎物，便飞速冲过去，将钉子一样的长牙狠狠插入猎物身体，把猎物牢牢钉在自己的牙齿上。由于蝰鱼的牙齿长且弯曲，被蝰鱼"钉"上的猎物，无论怎么挣扎，都很难再逃脱。

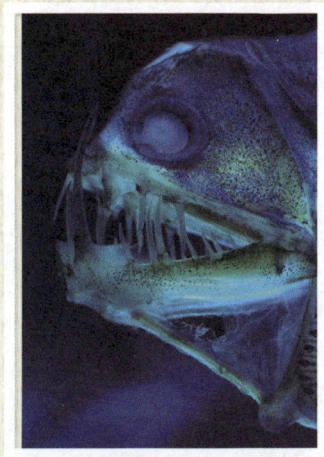

极具弹性的橡皮胃

蜓鱼体形虽小，但胃口却不小。蜓鱼有一个合页状的头骨，吞食猎物时，上颌和下颌的关节会向前移动，因而下颌可以张得很开。据测定，蜓鱼上下颌完全张开时，可以开到90度以上，这时候，蜓鱼的嘴巴能张至正常大小的2倍。而且蜓鱼的食道具有伸缩性，胃像橡皮一样具有良好的弹性；当蜓鱼吞食猎物时，食道会自动张开，使食物通过的路径变得顺畅。因此，蜓鱼可以一口吞下比自己身体还大的猎物。不仅如此，当食物过多时，蜓鱼的胃还能发挥储存的功能，将暂时不能消化的食物储存起来。

"珠光宝气"的死亡诱惑

蝰鱼主要以各种中小型鱼类和甲壳类动物为食，它们的捕猎本领高超、手段奇特。蝰鱼的背部、胸部、腹部和尾部，甚至鳍末端和口腔内都长有发光器，可谓一身"珠光宝气"。这些发光器能在深海之中发出各种光晕，一闪一闪的，非常漂亮。丑陋的蝰鱼借助这些发光器把自己装扮得分外"美丽"，其根本目的就是用这些光引诱猎物前来欣赏，进而凶残地将它们变成自己的美餐。蝰鱼捕食时，总是将嘴巴张到最大限度，然后潜伏在水中一动不动，等到不明真相的猎物游到身边时，那利齿交错的大嘴便像兽夹一样迅速合上，然后飞快地用獠牙将其牢牢钉在自己的牙上。这种"守株待兔"式的捕食方式在黑暗的海域中十分奏效。曾有人看到一群蝰鱼静静地停在水中，不停晃动自己头顶的发光器，像一盏盏灯具。等到有好奇的鱼群靠近时，这些安静的"灯具"突然变成了残暴的死神，将可怜的鱼群蚕食殆尽。

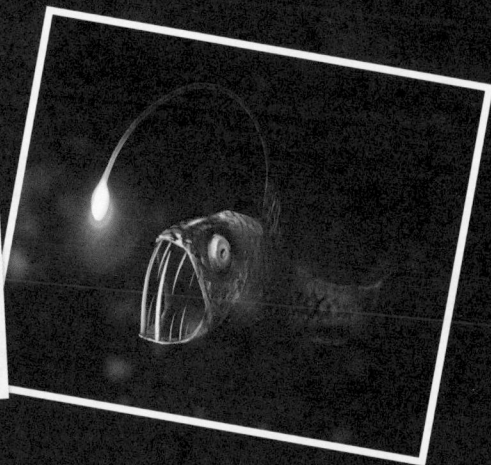

北海狮

北太平洋的食肉猛兽

北太平洋海狮

Northern sea lion

Eumetopias jubatus

动物界 / 脊索动物门 / 哺乳纲 / 食肉目 / 海狮科 / 海狮属

北海狮因雄兽颈部及肩部生有鬃状长毛，叫声像狮吼，故而得名。北海狮是一种哺乳动物，也是海狮家族中体形最大的成员，故有"海狮王"的美称。北海狮雄兽和雌兽的身材迥然相异：雄兽最大体长约330厘米，体重约1 000千克；雌兽最大体长约250厘米，体重270千克左右。北海狮的四肢呈鳍状，能在水中自如地游泳。而且北海狮的后肢能向前弯曲，这使它们不仅在陆地上能灵活行走，还能像狗一样蹲在地上休息。北海狮四肢的这些特点使其既能登陆，又能下海，两不耽误。

海洋中的食肉猛兽

　　北海狮是食肉动物，主要以鱼类和乌贼等头足类动物为食，食性很广，食量很大。一只成年北海狮一天要吃40千克的鱼，而且随着其活动量的增大，食量还会增加2至3倍，是十足的海洋中的食肉猛兽。它们在捕食时多为整吞，不加咀嚼。一条1千克多的大鱼，它们也可以一口吞下。此外，北海狮常常会吞食一些小石子以帮助消化。它们虽然能登陆行走，但大部分时候都在海上巡游觅食。因为只有在鱼类丰富的海里，它们才能捕获更多的猎物，也能更好地避开天敌。为了满足巨大的胃口，北海狮常常闯进渔民的渔网来掠夺更多的美味。它们常常在撕坏渔网、饱餐一顿后逃之夭夭。因此，深受其害的渔民对北海狮深恶痛绝。

灵敏的嗅觉

　　北海狮不仅听力非凡，嗅觉也很灵敏。为了测试它们的嗅觉，科学家曾经做过这么一个试验：在一支箭上抹上麻醉剂，然后射向北海狮群中站岗的"哨兵"；中箭的"哨兵"倒地后发出巨大的呻吟，其他的北海狮成员立即围过来查看；结果，当它们嗅到箭头上麻醉剂的气味后，立即吼叫着向海里逃去。事后，工作人员将箭头涂上北海狮的粪便后再次重复试验。这一次，北海狮因为没有嗅出任何异味，在嗅过之后仍然返回"营地"安心睡觉。灵敏的嗅觉能让北海狮在残酷的生存环境中迅速辨别敌方和猎物，从而更好地保护自己和获取生存资源。

听力非凡的胡子

　　北海狮的触须（这里专指胡子）不仅具有敏锐的触觉，还是一个高度精确的声音感受器，能辨识几十千米之外的声音，比耳朵本身拥有的听力还要灵敏。原来，北海狮的胡子上布满了纵横交错的神经，能收集从目标物体返回的声信号。这些神经能根据传回的声信号迅速确定目标物体的大小和形状，进而准确地辨识目标物体。更令科学家惊叹的是，不仅北海狮的声带能发出准确的定位信号，就连其咽部的近后端也能发出类似信号。神奇的是，每个个体信号的声波、波形都是独特的，这样就能帮助北海狮排除其他噪声的干扰，从而让信号定位更精准。拥有非凡听力的胡子能让北海狮即便在几十千米之外，也能迅速定位到远方的目标物体是敌是友，以便趁早做好防御措施或捕食准备。

海鳗

海底闪电

鳗鱼
Pike eel
Muraenesox cinereus
动物界 / 脊索动物门 / 辐鳍
鱼纲 / 鳗鲡目 / 海鳗科 / 海
鳗属

　　海鳗长得像蛇，身体呈长筒形，头尖长，尾部侧扁。海鳗尾巴的长度大于头和躯干的长度之和，一般在 35 至 45 厘米，也有的身长超过 60 厘米。它们身体表面光滑无鳞，有鳍和侧线，背鳍与臀鳍和尾鳍相连。除了傍晚和凌晨，海鳗一般都会安静地藏在位于水下 50 至 80 米的泥沙区。浪大水浊时，它们就外出觅食。海鳗游泳速度极快，行如闪电，被海鳗锁定的猎物，鲜有逃脱魔掌的机会。

独特的吸食方式

　　大多数拥有锋利牙齿的食肉动物，往往是利用牙齿的撕咬动作来捕食，而海鳗不同。海鳗的捕食方式，与一些科幻大片中外星怪物的捕食方式非常类似。在发现猎物时，海鳗会张开巨口，以闪电般的速度靠近猎物，利用前端有锋利牙齿的上下颌夹住猎物。同时，它们带有攻击性牙齿的咽颌就会自咽喉后部伸出，直接将猎物拖入腹中，如同真空吸尘器一般。海鳗这种特殊的"吸食"捕食方式，科学家还没有发现自然界的其他生物采用过，所以这成了利于海鳗生存的重要习性，也是它们与其他竞争生物相比保持优势的一种方式。

传说中的"吃人妖魔"

民间传说中的海鳗是凶残的动物，据说只要被海鳗咬一小口，就会有生命危险。而且海鳗还会攻击深海中的潜水员，一旦有人涉足它们的领地，它们就会紧紧咬住这个人的胳膊或者大腿，然后将人拖入深不可测的海底，直至淹死。但实际上海鳗没有传说中那么可怕。科学家研究发现，海鳗的牙齿里并没有毒腺，它们对人类的最大威胁是咬住人不松口。因为海鳗非常执着，只要它们锋利的牙齿咬住了人，就不会松开，所以被海鳗咬过的伤口往往容易发炎。当然海鳗有时也会主动攻击人，但是研究发现，海鳗往往在繁殖期才会主动攻击人。多数情况下，海鳗还是比较羞涩、腼腆的，躲在深水中，不轻易出来，更不会是传说中的那种"吃人妖魔"了。

不过海鳗具有坏名声是有一定原因的。平时海鳗都是躲在泥沙和海底岩缝中，从不外出冒险，但是当它们遇到危险的时候，就会快速逃走。海鳗在逃生的时候，习惯把头和上半部分身体露出水面。要知道海鳗的外形像极了蛇，它们在水面逃生的动作，又特别像毒蛇发起攻击时的样子，于是，一些文学和影视作品就把海鳗给妖魔化了。

水母

外表温柔的冷酷杀手

Jellyfish
动物界 / 刺胞动物门 / 钵水母纲、
十字水母纲、立方水母纲、 水
螅虫纲

水母是刺胞动物门中的一大类生物。它们外形柔软如绸，看起来美丽温顺，但这丝毫不能掩饰其凶猛冷酷的"杀手"本性。由于大部分水母几乎是透明的，漂浮于水中很难被发现，这使得它们能轻易靠近并捕获猎物。

原始的捕食系统

水母的觅食方式堪称高效。它们使用原始的捕食系统，利用漂流来觅食，即通过产生捕食电流，在水中制造出小漩涡，将猎物吸入自己的漩涡"猎场"，使猎物慢慢流向自己的触手；再用触手将猎物送至口腕处，然后使猎物进入伞部的消化系统中，由消化酶来完成对猎物的消化。水母的触手很长，甚至长达几十米，水母正是依靠自己身体的这种特性来定位猎物，从而大大增加了捕食成功的可能性。

贪食的水母

　　水母是肉食性动物，主要以鱼类和浮游生物为食。水母没有呼吸器官与循环系统，只有原始的消化器官，捕获的食物经由胃腔内胃丝上的刺细胞释放消化液，立即在腔肠内消化吸收。然而，这丝毫不影响水母的贪食本性，面对各类浮游生物、甲壳动物、鱼卵、大鱼、小鱼，水母一概来者不拒。虽然只有原始的消化器官，但这一点也不影响水母的进食速度。即使是一条鱼，水母也只需几小时就能轻易将其消化，并且将消化吸收完毕的物质迅速通过腔肠运输。当水母在某片海域大量繁衍时，该海域中的鱼、虾、蟹等动物及其卵很可能都会被贪食的水母吃光。冷酷无情的水母从不放过任何一个捕食机会，甚至对自己的同类也痛下杀手。为了满足自己的食欲，贪婪的大型水母常常将魔爪伸向自己的同类，上演"同类相煎"的惨剧。曾经有一只身形巨大的水母，仅一只触手上就挂着三四只已被其俘虏的海月水母。

天敌和朋友

凶残的水母也有致命的天敌，如专以捕食水母为生的翻车鱼和海龟。它们能自由穿梭于水母群中，然后轻而易举地用嘴扯断水母的触手。失去了触手的水母已然丧失了抵抗能力，只能随着海水的起伏上下翻滚，最终成为别的动物的"美餐"。当然，除了天敌，水母也有自己的朋友。有一种体长仅7厘米的小牧鱼（学名为水母双鳍鲳），行动灵活，能够巧妙地避开水母的毒丝，随意游弋在水母的触手之间。这种小牧鱼在遇到大鱼的追袭时，便逃至水母的触手间避难，而水母则借此轻易毒死那些闯进它们狩猎范围的猎物，小牧鱼也可以趁机吃到水母吃剩的残渣碎片。水母和小牧鱼以此共生互用。

花笠水母

　　花笠水母是水母中的稀有品种，伞部透明而有条纹，伞缘长满彩色的触手，外形非常迷人。但花笠水母极具危险性，它们的嘴边藏着一根含有剧毒的刺，被蜇到时刺痛无比。它们的触手能自如地卷起或放开，从而轻易捕捉小鱼等猎物。

僧帽水母

　　僧帽水母左右两端稍尖，顶端耸起呈背峰状，外形很像一顶和尚帽，故得此名。僧帽水母长约 10 厘米，终日在海上漂浮，依靠洋流活动捕食浮游生物，以其漂浮习性和蜇人极痛而著称，是海洋里的致命杀手。

箱水母

　　箱水母的伞部像一个立体的箱子，并且有 4 条粗壮的触手，故而得名。箱水母是毒性最强的水母，也是目前已知的世界上毒性最强的海洋生物之一，一只箱水母的毒素足以毒死 60 名成年人。人一旦被其触手刺中，三四分钟之内就会不治而亡。仅澳大利亚昆士兰州沿海一带，25 年来就有 60 人因中箱水母之毒而身亡，要知道，在此期间葬身鲨鱼之腹的也只有 13 人。

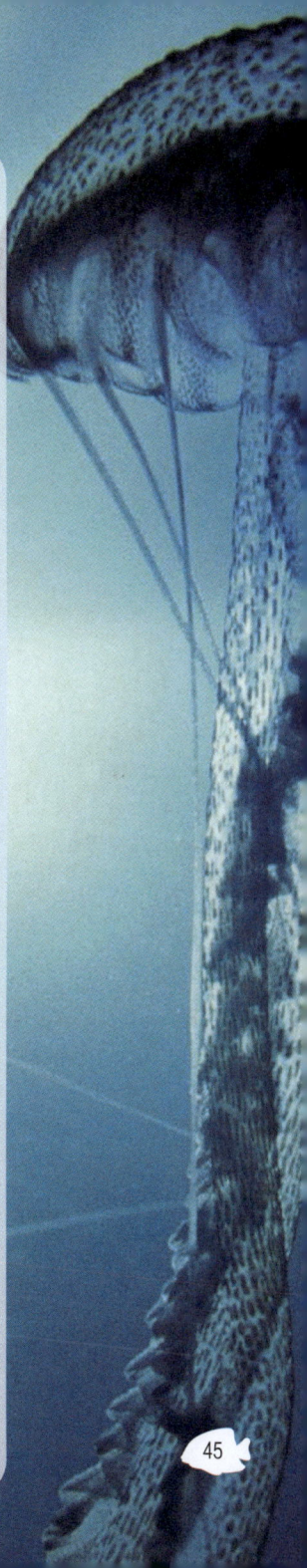

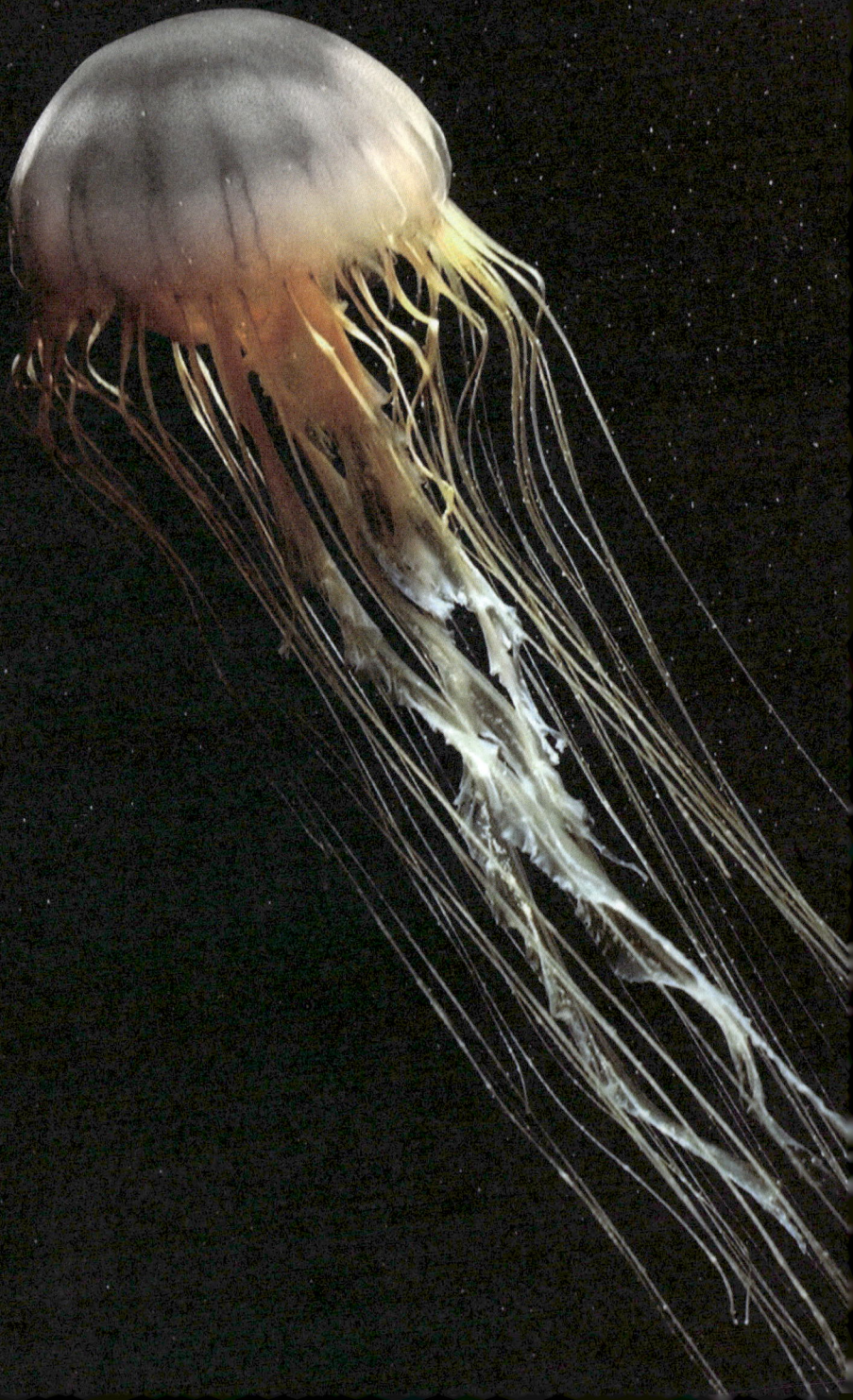

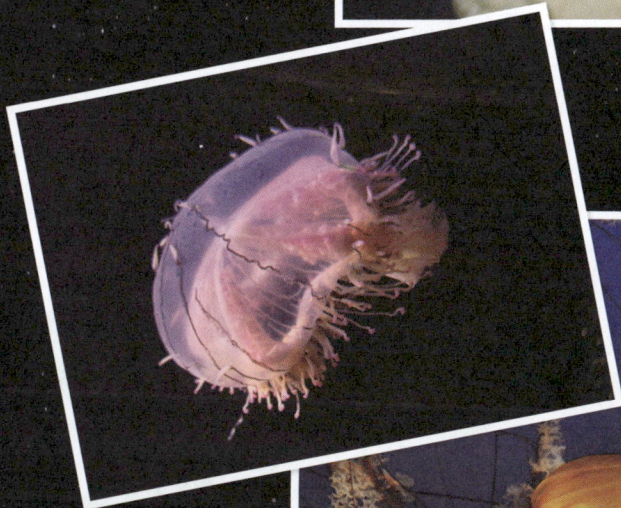

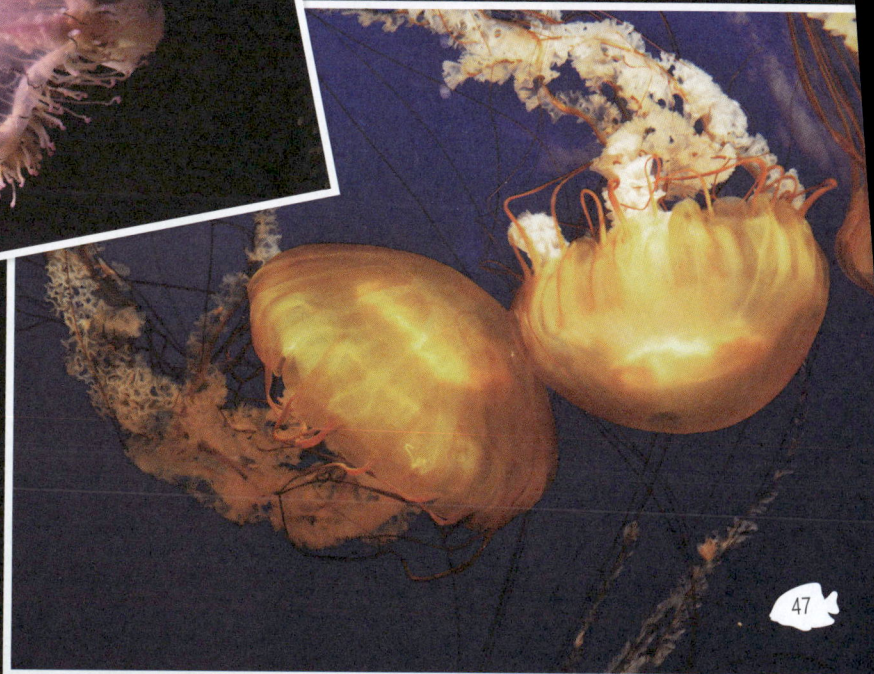

蛸

高智商攻击者

章鱼
Octopus
Octopodidae
动物界 / 软体动物门 / 头足纲 /
八腕目 / 蛸科

　　蛸是头足纲蛸科动物的总称，也就是我们常说的章鱼。章鱼身体呈球形，短而软，头上长着 8 只腕足，每只腕足上都有两行吸盘，吸盘无柄。它们的足与足之间有膜相连，有的膜之间长短相同，有的长短不同。章鱼无鳍，以瓣鳃类和甲壳类动物为食，喜栖息于浅海的沙砾或软泥里。

高智商的攻击者

对于不同类型的猎物，高智商的章鱼会采取不同的战术。章鱼身体较低的位置长着类似鸟喙的口，其内有锯齿状的牙齿，可以磨碎食物。它们的眼睛非常敏锐，所有经过章鱼旁边的小虾、小蟹都能很快被它们发现，它们会伸出一只腕足，灵活地将猎物抓住，轻松地送入口中。

对于体形稍微大一点的猎物，章鱼也有一个绝招——"降落伞"捕猎术。当发现猎物的时候，它们会猛地扑过去，然后展开8只满是吸盘的腕足，就像降落伞一样罩住猎物迅速锁定目标，不给猎物丝毫逃跑的机会。对于无法判定实力强弱的对手，章鱼就会发挥"变色"技能，改变自己的颜色甚至是身体构造，将自己伪装得和周边环境一模一样，比如说变得像一块长着藻类的石头，然后伺机向猎物发动突然袭击，猎物往往不知道发生了什么就已经变成了章鱼口中的美味。

狠"毒"的捕食方式

　　章鱼的唾液是有毒的。当章鱼捕获猎物以后，往往是先将有毒的唾液和消化酶注入猎物体内，以消化猎物内部器官。章鱼吃猎物的方法很残忍，它们会先将猎物的头咬掉，再慢慢享用其他部分。虽然如此，但是大多数章鱼对人类的危害并不大，不过有的章鱼一旦咬伤人，就会给其带来致命的危险，比如生活在澳大利亚海域附近的蓝环章鱼，人只要被它们咬上一小口，就会毙命。虽然这种章鱼不会轻易主动攻击人类，但是在海边游玩时千万注意不要踩到它们。章鱼还是好战分子，它们不仅在海洋中对虾、蟹穷追猛吃，而且还与同类自相残杀。

为了生存而战

　　科学家研究发现，章鱼能够在深海得以生存，主要依赖于一种肌红蛋白。但是肌红蛋白结构不稳定，易被氧化。而虾、蟹等甲壳类动物体内有着最强的抗氧化剂——虾青素，所以章鱼会疯狂地吃虾、蟹，主要目的是摄取虾青素，防止肌红蛋白被氧化，进而维持生存。章鱼几乎每天都在猎食，所以章鱼的生长速度极快。一般情况下，刚出生的章鱼可以通过两三年就达到成年章鱼的大小，球形身体的直径甚至可达 3 米左右。

剑鱼

力穿钢板的死亡之剑

箭鱼、剑旗鱼
Swordfish
Xiphias gladius
动物界 / 脊索动物门 / 辐鳍鱼纲 / 鲈形目 / 剑鱼科 / 剑鱼属

剑鱼是一种大型的掠食性鱼类，吻部由前颌骨及鼻骨组成，直直地伸向前方，形成又尖又长的剑状，故而得名。剑鱼的"利剑"威力无比，能轻易戳穿渔船的木板，甚至能穿透钢板。

可怕的"死亡之舞"

剑鱼的捕食方式十分特殊。它们常以迅雷不及掩耳之势闯进鱼群，然后突然从水中跃起又迅速落下，以激起巨大的水花；这样几跃几落后，多数猎物便被震昏。之后，剑鱼又以闪电般的速度，挺着它们能够穿透钢板的"利剑"在鱼群中来回地横冲直撞，被剑鱼撞着的鱼，非死即伤。最后，剑鱼才开始慢慢享用这些猎物。剑鱼这一番热闹的捕食场景堪称"死亡之舞"。

为人类带来灵感的游泳冠军

　　剑鱼又称箭鱼，因为剑鱼游泳速度极快，有如离弦之箭。一次，人们在测定了一些海洋动物的游动速度后，制作了一份"海中动物游泳速度比较表"，其中，虎鲸的速度为55千米/时，飞鱼的速度为56千米/时，鲨鱼的速度为40千米/时。而剑鱼以119千米/时的游速，当之无愧地成为海洋中的游泳冠军。　剑鱼的神速得益于它们优越的先天条件——典型的流线型身体和光滑的体表，使它们能毫无阻力地快速穿梭于水中；长而尖的上颌，在前进时能起到劈波斩浪的作用；强壮有力的尾鳍，能产生巨大的推动力。高超的游泳技术为剑鱼在水中追捕猎物提供了极为有利的条件。　剑鱼天生适合快速游泳的形体也为设计师提供了灵感。飞机设计师就是仿照剑鱼的形体，在飞机前安装一根长"针"，以此破除飞机在高速前进中产生的音障，从而发明了超音速飞机。

"利剑"的奇闻逸事

　　1944 年，一条行驶在南非某处海面上的渔船，遭到一条大剑鱼的猛烈攻击。剑鱼用它的"利剑"将渔船底部戳破后，又把船体"举"出了水面。短短几秒后，连人带船都被卷入了水中。第二次世界大战期间，英国油船"巴尔巴拉"号在大西洋上航行时，突然一个细长的黑东西飞快地扑向油船。还没等船员们反应过来，只听见震耳欲聋的一声巨响，船舱便被那个黑东西戳了个大窟窿，海水瞬间涌进船舱。接着，那个黑东西拔出"长剑"，又接连在船体上扎了两个大洞。最后，它因为用力过猛，无力拔出那把"长剑"，船员们这才看清了袭击者的真面目——原来是一条长达 5 米的剑鱼，光那把"利剑"就有 1.5米左右长。不过，剑鱼攻击船只除了对人类造成危害之外，给它自己也带来了巨大麻烦——剑鱼因用力过猛将"利剑"刺进船体后常常拔不出来，只有断"剑"才能恢复自由。在博物馆中，至今仍陈列着被剑鱼戳穿的船只和剑鱼被船折断的"剑"。在其中一条渔船 34 厘米厚的船体中间，插着一根剑鱼的断"剑"，这根"剑"长 30 厘米，外围周长有 12.7 厘米。

低鳍真鲨

最好斗的鲨鱼

公牛真鲨
Bull shark
Carcharhinus leucas
动物界 / 脊索动物门 / 软骨鱼纲 /
真鲨目 / 真鲨科 / 真鲨属

低鳍真鲨身体壮硕，鼻端阔平，牙齿锋利，弧形的嘴巴巨大无比。它们有一大一小两个背鳍，有一对镰刀形胸鳍，还有宽大的尾鳍。

锋利如刀的牙齿

低鳍真鲨很凶悍，而且具有凶悍的资本。它们除了身材健硕外，还有一口锋利如刀的牙齿。不过，低鳍真鲨在紧闭嘴巴的时候，牙齿是不露出的。低鳍真鲨上下两颌上的牙齿有不同的分工：上颌齿扁而宽，边缘有细锯齿，牙齿尖部竖直或者外斜，类似于三角锯，便于刺穿、撕扯、切割食物；下颌齿窄，竖直或者稍斜，边缘也有细锯齿，基底平滑，便于叼住食物。

快、准、狠的捕食高手

多数鲨鱼是需要适量睡觉休息的，但是低鳍真鲨不一样，它们几乎可以不分昼夜地游来游去，所以低鳍真鲨捕食的时间非常多。虽然低鳍真鲨的视力不是很好，但是皮肤上的感官细胞非常多，可以完全凭借感知海水的流动和声音，搜索 1 000 米范围内的任何猎物。它们的嗅觉非常灵敏且准确。它们可以嗅出稀释在 10 万升水里的一滴血的味道，并且可以准确追踪到血源的位置。当发现猎物的时候，低鳍真鲨咬得奇快无比，不给猎物任何喘息的机会，直接将猎物撕裂吞入腹中。

低鳍真鲨还非常喜欢攻击活的猎物，是一种伏击型的肉食性动物。它们行踪诡秘，即使在它们出没的海域，也很难找到它们。它们能对猎物造成致命的创伤，而且无所畏惧。科学家发现，低鳍真鲨的睾酮水平比任何动物都高，所以它们凶悍无比，是最好斗的鲨鱼，被人们冠以"海中之狼"的称号。

能在淡水中生活的鲨鱼

　　相对于其他海洋鲨鱼而言，低鳍真鲨是唯一可以在淡水区域生存和活动的鲨鱼。科学家发现，低鳍真鲨在经历了漫长的演化过程后，全身布满了感觉细胞，这些细胞如同人类的味蕾一样，可以随时感受到身边水域的含盐量。此外，低鳍真鲨身体尾部有一个直肠腺，就如同开关一样，通过它可以调节血液里盐分的含量，维持身体盐度平衡。

双髻鲨

长相怪异的掠食者

　　双髻鲨是双髻鲨科鱼类的统称。它们头宽而扁平，且两侧各有一个凸起，每个凸起部分各有一只眼睛和鼻孔；它们有两个高高耸立的背鳍，第一背鳍呈镰刀状，第二背鳍边缘呈凹形；它们的臀鳍呈钩状且边缘凹陷；它们的背部为深棕色或者浅灰色，腹部颜色稍淡。

奇特的头型

　　与大多数头部呈流线型的鲨鱼不同，双髻鲨的头部既像一把锤头，又像古代女子头上梳的双髻，双髻鲨也因此得名。其实，双髻鲨的奇特头型并非生来就有。小双髻鲨在刚出生时头是圆形的，只有长到成熟期时，它们锤头型的头才会完全成形。科学家在对双髻鲨进行各种研究后，发现双髻鲨宽阔的头部分布着高度敏锐的感觉器官——洛伦齐尼瓮器官群。这些广泛分布于双髻鲨脑袋上的感觉器官异常灵敏，被称为鲨鱼的"第六感"器官。它们能感受到周围猎物和海洋环境中产生的细微电流，并据此探知猎物的位置和距离，哪怕是隐藏在沙子下面的猎物。而且由于双髻鲨的特殊头部能灵活转动，堪当方向舵，双髻鲨在追赶猎物或逃避敌害时能更好地调整方向。此外，分别位于头部两侧的鼻孔因为间隔较远，可以更容易辨认更远范围内的气味，鼻孔在双髻鲨捕食过程中功不可没。科学家由此推断，正是贪婪的食性让双髻鲨在长期的觅食过程中演化成这副奇特的长相，以帮助它们提升寻找所喜爱的食物的能力。

几乎没有天敌的掠食者

　　跟很多鲨鱼一样，双髻鲨是凶猛而危险的。它们有着锋利的牙齿，足以让猎物胆战心惊。贪食的双髻鲨常常出没于海滩、海湾和河口处，以魟、鳐等鱼类和贝类为食。凶猛的双髻鲨是海洋中食物链顶端的掠食者，尽管幼小的双髻鲨常常会成为一些大型鲨鱼的捕食对象，然而成年双髻鲨凶狠残暴，甚至敢攻击低鳍真鲨等大型鲨鱼，在海洋中几乎没有天敌。曾有人看到过双髻鲨捕食低鳍真鲨的场景：双髻鲨以强劲的力量将低鳍真鲨撞了个措手不及，然后用宽大的头部死死地顶住低鳍真鲨，并且以头部为中心，开始剧烈地摆动，在来回摆动的过程中，它用尖利的牙齿撕扯低鳍真鲨身体的不同部分。双髻鲨这种旋转式的撕咬方式使低鳍真鲨顾此失彼，毫无还手之力。

不停游动的一生

　　和其他鲨鱼一样，双髻鲨没有肺，而是用鳃呼吸。它们在水里游来游去，就是为了将海水吸入腹中，用鳃来进行呼吸。大多数鱼都有鱼鳔，鱼鳔可以用来储存空气，增加浮力，但是双髻鲨没有鱼鳔，虽然它们有满是油脂的肝脏，但是不足以让它们漂浮。所以双髻鲨每天都在运动中，以通过运动来获得足够的氧气，维持自己旺盛的生命力；如果双髻鲨停止运动，那么它们就会迅速沉没。

蓝瓶僧帽水母

浮动的蓝色妖怪

Bluebottles jellyfish/Bluebottle
Physalia utriculus
动物界 / 刺胞动物门 / 水螅虫纲 /
囊泳目 / 僧帽水母科 / 僧帽水母属

僧帽水母是一种通过刺细胞向猎物注射毒素的水母。虽然比起"毒之冠"箱水母来说，它们的分布要广泛得多，却没有箱水母的杀伤力那样大。

"蓝瓶僧帽"的来历

　　事实上，蓝瓶僧帽水母（有一种说法是，蓝瓶僧帽水母实际上为僧帽水母的异名，二者为同一种，僧帽水母属只有一种）并不是一个单一个体，而是由 4 种不同的水螅型珊瑚虫个体经过高度修饰而形成的组合体。蓝瓶僧帽水母的名字来自它们的身体形态：一个大的、充满了气的球胆状蓝色漂浮体（浮囊体），一般有 30 厘米长、15 厘米高；这个浮囊体不像一般水母的那样呈圆形，而是两头尖尖，就像僧侣戴的帽子一样。浮囊体上有一个冠状物，其作用就像是推动一条小船在海上航行的帆一样。浮囊体的主体颜色是蓝色，有时候它们的顶部可能是浅绿色或粉红色。浮囊体自身可以释放出类似空气的气体。由于蓝瓶僧帽水母是依靠空气动力漂浮在水中的，因此，漂浮的过程很可能是由浮囊体的肌肉收缩造成的。

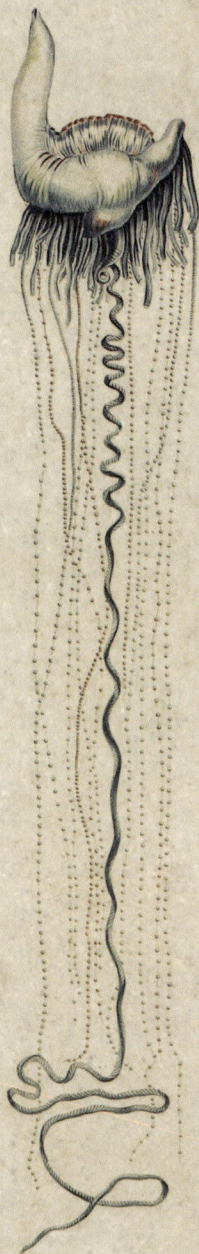

威力强大的刺细胞

　　组成蓝瓶僧帽水母的每个个体都具有一定的生物学功能。其中，浮囊支撑着其他 3 个个体，使整个生物体能够在水中漂浮；触手负责在水中"捕猎"，并将捕获的猎物传递给水螅体（又称营养体）。蓝瓶僧帽水母整体的繁殖依靠生殖体进行，它是另外一种水螅型珊瑚虫。触手上分布的众多刺细胞可以分泌含有苯酚和蛋白质的毒性混合物质，这些物质会导致人的呼吸系统出现问题并产生肌肉无力等症状，蓝瓶僧帽水母也正是通过它们杀死猎物的。在水中漂游时，蓝瓶僧帽水母长长的触手会像鱼线一样垂在水中。刺细胞有非常复杂的内部结构，但其直径可能只有 0.001 毫米。每个刺细胞都是中空的圆球体，其外壁向外延伸，形成一根长长的、盘绕的微型中空管道。刺细胞能够很轻松地穿透猎物的体表，同时将毒素通过刺丝的末端小孔注入猎物体内。

蓝瓶僧帽水母最喜爱的食物是不同种类的海水表层浮游生物，它们常常被蓝瓶僧帽水母长长的触手困住而变成美餐。主管消化功能的水螅型珊瑚虫能够快速地感知猎物的出现，并以最快的速度收缩触手，将其送入口中。水螅型珊瑚虫的口部弹性非常大，进食的时候，平时直径只有一两毫米的口部可以张大到超过 20 毫米。在对食物进行消化时，它们主要通过一系列的酶来分解蛋白质、碳水化合物和脂肪。

海豚

大型鲨鱼的克星

Dolphin
Delphinidae
动物界 / 脊索动物门 / 哺乳纲 / 鲸偶蹄目 / 海豚科

海豚是体形较小的鲸类，身体呈流线型，皮肤轻软如绸缎，质地似海绵，嘴部尖尖的，上下颌各有 90~110 颗尖细的牙齿，主要以小鱼、乌贼、虾、蟹为食。海豚喜欢过集体生活，往往少则几头、多则几百头地成群结队出入于海洋之中。

各司其职的分工捕食

海豚喜欢过集体生活，并且在捕食过程中也以群体进行活动。不仅如此，科学家的最新研究表明，以群体开展捕食活动的海豚，在捕食过程中各有分工，每一头海豚在群体中都有特定的工作，各司其职。美国科学家曾经连续观察并记录过两组海豚共60次的捕食活动。在观察之前，科学家先分别在它们身上做好记号，以区分每一头海豚。结果，科学家发现，每次捕食过程中，这两组海豚中总有一头固定的海豚充当"驱赶者"的角色，其他海豚则共同发挥"围墙"的功能，"驱赶者"海豚会将猎物（通常是鱼群）赶进"围墙"——海豚所形成的包围圈里，然后群起而攻之。海豚的这种分工捕食方式在海洋动物群体中是很少见的。科学家目前也尚未确定海豚这种特殊的捕食方式是否是其固有特性，是否又普遍存在于各个种类的海豚及各个水域环境中。

灵敏的回声定位系统

　　海豚在捕食时，主要依靠回声定位系统来判断目标猎物的远近、位置、方向，甚至还能辨明猎物的体形和种类。凭借这种特殊的本领，海豚能准确地将猎物一击捕获。曾有人做过一个这样的试验：把海豚的眼睛用黑布蒙起来，然后把海豚周围的水搅浑，再毫无预兆地朝水里扔进一条鱼。结果，聪明的海豚依靠回声定位系统在黑暗的环境中依然能迅速、准确地追到扔给它的食物。

海上霸王难敌灵活进攻

　　海豚分工合作的捕食方式使它们在捕食过程中几乎战无不胜、攻无不克，就连凶神恶煞、有"海上霸王"之称的大型鲨鱼，遇见海豚这种联合围攻的战术，也常常束手无策。海豚体形较小且呈流线型，皮肤光滑，游泳速度和灵活性远在笨重的鲨鱼之上，鲨鱼要咬到海豚十分困难，而海豚要追赶并进攻鲨鱼则很容易。成群的海豚在围攻鲨鱼时，通常轮番用鼻子猛烈撞击鲨鱼的要害部位——体侧。鲨鱼的骨骼是软的，防护内脏的能力极差，聪明的海豚抓住鲨鱼的这一致命弱点，以轮番攻击的方式不给鲨鱼丝毫喘息的机会。凶恶的鲨鱼在海豚们用强有力的鼻子连续高速撞击时，很容易因内脏破裂而死。在鲨鱼面前，海豚是疯狂的击杀之神。温和的海豚是凶恶的鲨鱼的克星。

鮟鱇

阴险的"提灯女神"

结巴鱼、老头鱼、蛤蟆鱼
Angler fish
Lophiidae
动物界 / 脊索动物门 / 辐鳍鱼纲 / 鮟鱇目 / 鮟鱇科

鮟鱇是一种怪异的底栖性鱼类，它们头大而平扁，口宽牙尖，体柔软、无鳞，背面呈褐色，腹面为灰白色，体表还具有杂色斑点。鮟鱇的长相十分奇特：胖而扁的身体，大大的脑袋，一对大眼睛凸出在外面，下颌有两三行尖牙，显得十分丑陋。因此，鮟鱇被列为全球十大最恐怖"恶魔鱼"之一。不仅如此，鮟鱇鱼发出的声音也很难听，像是老头儿在咳嗽一样，所以鮟鱇得了个名副其实的外号——"老头鱼"。

阴险的提灯女神

除了"老头鱼"和"蛤蟆鱼"等难听的外号外，鮟鱇还有一个优雅的别称——"提灯女神"。原来，鮟鱇虽然全身怪异又丑陋，但在头顶有一个亮点——像一盏能发光的小灯笼。在鮟鱇的头部有一个形似钓竿的结构，这是由鮟鱇的第一背鳍逐渐向上延伸形成的。这个"钓竿"的末端有一团像蠕虫一样突出来的肉，这团肉在深海里还会发出一闪一闪的亮光。原来，这团突出来的肉里具有能够分泌荧光素的腺细胞，荧光素在荧光素酶的催化下经氧化便会发光。远远望去，它们头顶就像挂着一盏盏闪烁的小灯笼。然而，这盏漂亮的"灯笼"却是一个危险的"诱饵"，是专门用来引诱猎物的拟饵。深海中的很多鱼类都有趋光性，阴险狡诈的鮟鱇为了捕食猎物，常常借助这盏"小灯笼"，在水中摇头摆尾、搔首弄姿，吸引趋光而来的鱼儿们。等到鱼儿游近时，鮟鱇不动声色地突然张开"血盆大口"，把毫不知情的小鱼们一口吞食。

当然，并不是所有的鮟鱇都有这么一盏堪当捕食工具的"小灯笼"——雄鮟鱇就没有。但是，即便如此，雄鮟鱇也能利用雌鮟鱇的这盏"小灯笼"捕食。因为雄鮟鱇的体形很小，只有雌鮟鱇身体的1/6大，在交配后，雄鮟鱇便会和雌鮟鱇连为一体。这样，即便雄鮟鱇没有充当诱饵的"小灯笼"，也能借雌鮟鱇的光，不费吹灰之力地捕食。

四足行走的伪装高手

　　科学家在海底进行科考时曾拍到一张震撼人心的精彩照片——一条似乎厌倦了游泳的鮟鱇用"4条腿"在海底悠闲地散步。原来，出于生存需要，鮟鱇的胸鳍在长期的演化过程中，慢慢变成了像四肢一样的结构。这些"腿"可以帮助它们保持身体的平稳，尽量使身体与环境融为一体，从而长时间保持伪装状态，以更好地捕捉猎物。

鮟鱇的"小灯笼"能为它们诱来食物，但也有可能因此引来天敌。当鮟鱇遇到一些比自己还要凶猛的天敌时，"识时务"的鮟鱇就会迅速将自己的"小灯笼"塞回嘴里去，然后用灵活的四肢转身就逃。由于海洋深处一片黑暗，原本冲着鮟鱇的"小灯笼"而来的大鱼，在失去了光亮后，在黑暗中便束手无策了。

锯鳐

横冲直撞的猎手

Sawfish
Pristis
动物界／脊椎动物门／软骨鱼纲／锯鳐目／锯鳐科／锯鳐属

锯鳐是锯鳐科锯鳐属几种鳐类的统称，是一种暖水性底栖鱼类。锯鳐头部及身体长而平扁，吻长且呈剑形，吻部两侧缘有坚硬的吻齿，主要以泥沙中的甲壳类和其他无脊椎动物为食。锯鳐最突出的特征是它们那长而锋利的吻锯，几乎占了体长的 1/3，锯鳐也因此得名。

功能多样的吻锯

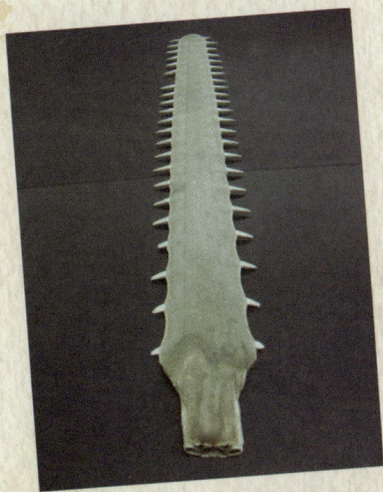

锯鳐的吻锯非常锋利，两侧缘具有的坚硬锯齿，是一种致命武器。在捕食猎物时锯鳐能熟练地用这把"锯子"以每秒数次的频率向猎物发动横向攻击，轻易地将猎物的身体切成两半。即便是凶猛程度在锯鳐之上的大鱼，反应稍微迟钝，也难逃锯鳐"锯子"的重创，轻则遍体鳞伤，重则葬身其腹。

锯鳐的吻锯功能还非常多样，既可作为捕食的工具——在鱼群中挥舞吻锯以残杀群鱼，也能用来挖掘海洋底层的生物——像耙子一样筛滤水底沙子寻找食物。锯鳐的吻锯还是一种猎物定位传感器。在这长长的吻锯上分布着数千个灵敏的"电子接受体"，可以帮助锯鳐轻易探测到其他鱼类产生的电场，进而感知到黑暗水域中生物的微弱移动，从而让锯鳐不费吹灰之力就能找到猎物的藏身之所。

横冲直撞的海底掠食者

　　一直以来，人们以为锯鳐是一群行动迟缓的水底居民，以小型鱼类和甲壳类生物为食，用"锯子"细细地在水底沙子里寻找食物。然而，在对这一极其珍稀物种进行全面考察后，海洋动物学家发现，这种看似温和的水底觅食者其实是强势而凶残的掠食者。澳大利亚昆士兰大学的芭芭拉·伍林格尔博士在对锯鳐的观察中惊讶地看到锯鳐凶猛地舞动它们的"长锯"，用它残忍地刺穿猎物，捕食速度之快、捕食方式之凶残，完全颠覆了此前人们对锯鳐的认知。即使面对体形大于自己的敌人，锯鳐也毫不畏惧：行动灵敏的锯鳐在横冲直撞中轻易就能用长而锋利的"锯子"挫伤对方，然后像锯木头一样来回地锯扯猎物，直到将猎物完全挫伤甚至锯成两半之后，才开始慢慢享用美食。

"章鱼捕鲸，锯鳐在后"

　　即使是最有智慧的章鱼，也会败在锯鳐的"锯"下。在大堡礁附近200米深的海下，一条长达7.5米的巨型章鱼，用它8只犹如大蛇一样的腕足，死死地缠住比它大20倍的鲸。正当章鱼沉醉于美味时，突然，一条长约4米的锯鳐从章鱼的左侧斜刺而出，章鱼还尚未反应过来，左边的3只腕足已被锯鳐那1米多长的"锯子"齐刷刷地锯断了。受到重创的章鱼企图反抗，然而，不出几分钟，才战胜鲸的章鱼就成了锯鳐的手下败将。可谓"章鱼捕鲸，锯鳐在后"。

长尾鲨

以尾巴作战的『鱼老虎』

Thresher shark
Alopias
动物界 / 脊索动物门 / 软骨鱼纲 /
鼠鲨目 / 长尾鲨科 / 长尾鲨属

长尾鲨身体形态和其他鲨鱼大体无异，但其大镰形的尾巴长达身体长度的一半，故而得名。长尾鲨的尾椎轴低平且稍上翘，尾柄梢侧扁；眼睛呈圆形；嘴上有唇褶，呈弧形；牙齿呈扁平的三角形；背鳍和臀鳍很小，胸鳍硕大。

"魔棍"般的长尾

　　长尾鲨的尾巴不仅长，而且攻击力很强，像一根巨大的鞭子，猎物若不幸被"鞭子"抽到，轻则被"砍掉"一块肉，重则当场丧命。曾有人目睹一头长尾鲨捕食鱼群的场景：当长尾鲨发现鱼群时，并不着急进攻，而是先围绕鱼群快速转一圈，让惊慌失措的小鱼们无处可逃。然后，狡猾的长尾鲨便趁机突袭，以迅雷不及掩耳之势冲进鱼群，用它那长而壮的尾巴使劲拍打鱼群。经过一场东击西打后，长尾鲨所过之处的鱼群，不是被拍晕，就是被拍死。这时候，长尾鲨才开始从容不迫地享用这顿丰盛的美餐。在风平浪静的海面，人们常常能在几千米之外听到长尾鲨用尾巴抽打海水而发出的巨大响声。这种可怕的巨响常常将小鱼们吓得聚成一团甚至失去知觉，进而成为长尾鲨的美食。长尾鲨的这种奇特的捕食方式可谓事半功倍，简单而有效。一般情况下长尾鲨对人类没有危害，但人类若不小心触犯到它们，长尾鲨的"魔棍"也会伤及人类。曾有潜水员在海底探险时不幸遇到一头长尾鲨，还来不及躲避，就被凶猛的长尾鲨用尾巴抽伤。

臭名昭著的"鱼老虎"

　　长尾鲨性情凶猛且贪食，是极其活跃的猎食者。狡猾的长尾鲨常常会追踪鱼群至浅水海域，然后展开攻击。残暴的长尾鲨每次大开杀戒时，都会血溅海面，残杀远大于自己食量的猎物，以至于每次长尾鲨饱食美餐、扬长而去后，仍剩有不少吃不完的猎物尸体漂浮于海面。所以，长尾鲨捕食过后，到处都是鲜血和残留的鱼的尸体。长尾鲨这种臭名昭著的捕食行为使其落得了"鱼老虎"的外号。

团体围剿的捕食策略

长尾鲨依靠一条长尾驰骋海洋，但有时候，为了更好地猎食，长尾鲨们也会团体作战，成群地围剿猎物，一起挥舞镰刀状的、长而有力的尾巴猛烈抽打水面。待猎物闻声丧胆或被抽打致死后，凶恶的长尾鲨们便进一步缩小包围圈，将猎物驱赶成集中的一小团，然后从各个角度攻入猎物圈，美美地饱餐一顿。

芋螺

『内心柔软』的毒物

世界上总共有 300 种左右不同种类的芋螺，它们主要生活在热带海域，一般多分布于暖海的珊瑚礁或沙滩上。芋螺的外壳前端尖瘦而后端粗大，形状像鸡的心脏或芋头，因此又得名"鸡心螺"。它们的种类非常多，可以通过外表不同的色彩和花纹来分辨。而且，也正是因为这些美丽的花纹，鸡心螺贝壳成为很多人收藏的对象。

美丽外表下的危险

　　别看芋螺这么漂亮，它们可是一种不折不扣的剧毒海洋动物。在芋螺外壳的尖端，有一个微小的开口，每当它们受到惊吓时，就会从这个小口里发射出一支"毒针"，它的毒性足以夺走被刺中者的性命。有些芋螺的毒性非常大，足以毒死一个成年人。全世界迄今已有数十起由于人们捡拾芋螺而中毒致死的事件记录。有一种被称为"雪茄螺"的芋螺，就是因为一旦受害者被它们蜇后，只剩下一支雪茄烟的时间可活而得名的。被芋螺蜇后的主要症状是剧痛、肿胀、麻痹和有麻刺感。

毒素从何处来

　　在一个多世纪的时间里，芋螺毒腺的罕见结构一直让科学家困惑不解。19 世纪，曾有一位法国博物学家对此进行了天才的假想，他认为毒腺是由从食道剥离的组织演化而来的。随着研究的深入，国外一名研究人员切开了一些小芋螺，并对它们的食道进行了解剖学研究。他发现，在芋螺的食道中存在一种非常细微的结构变化，正是这种微小的变化，帮助芋螺在长大后形成了毒腺。

"鱼叉"和"鼻子"

　　芋螺是肉食性的海洋动物，通常以海洋蠕虫类动物、小型鱼类和其他软体动物为食。由于芋螺的行动相当缓慢，它们不得不使用有毒的"鱼叉"（一种毒性齿舌）来捕捉在水中快速游动的猎物。在捕食时，芋螺会把身体埋藏在沙子里，仅将长管状的口器暴露在壳的外面。这根晃动的"长鼻子"可以吸引猎物的注意，同时，它也可以帮助芋螺呼吸，以及感知猎物的动静。

　　芋螺捕猎时会释放出高度特化为鱼叉状的齿舌。对于软体动物来说，齿舌这种器官既起到舌头的作用，同时又相当于牙齿。"鱼叉"是中空和尖利的，与齿舌的根部连接在一起。在有猎物靠近的时候，芋螺会悄悄地将长管状的口器伸向猎物。这时，"鱼叉"仍然与齿舌相连，但里面已经上满了"弹药"——毒液，然后，通过肌肉的收缩，"鱼叉"就会像子弹一样从口器内发射出去击中猎物。毒液随之在猎物体内扩散开去，瞬间使其麻痹。紧接着，芋螺会收起齿舌，将已毫无知觉的猎物拖入口中。

蓝环章鱼

一口致命的剧毒幽灵

豹纹章鱼
Blue-ringed octopus
Hapalochlaena
动物界 / 软体动物门 / 头足纲 /
章鱼目 / 章鱼科 / 蓝环章鱼属

蓝环章鱼是一种体形比较小，却相当有杀伤力的海洋动物。蓝环章鱼有两种：一种是大蓝环章鱼（*Hapalochlaena lunulata*），是体形相对较大的赤道海域水生动物；另一种是南蓝环章鱼（*Hapalochlaena maculosa*），是二者之中更常见的种类，多在澳大利亚南方海域出现。

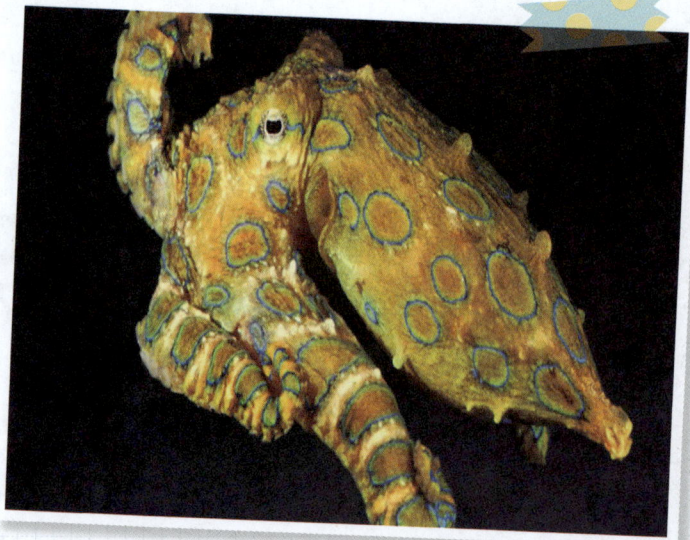

一次啮咬便可致命

　　蓝环章鱼的体形通常很小，只有高尔夫球大小，从一只腕足的末梢到另一只腕足的末梢很少有超过 20 厘米的。这种章鱼的体表颜色一般比较浅，在身体和 8 只腕足的表面有深棕色的环带，其上分布有蓝色的小圆环。当蓝环章鱼被惊扰或者被拿到水面以外时，它们的体表颜色就会变暗，而蓝环则会发出非常耀眼的蓝光，向对方发出警告信号。人们正是因这种颜色变化给它们起了蓝环章鱼的名字。

　　这种章鱼个头虽小，但分泌的毒素足以在一次啮咬中就夺人性命。蓝环章鱼的毒素主要分布在其唾液当中，是由体内的两个与其大脑等大的腺体所分泌的。毒素有两种成分：一种主要作用于蟹类（它们的主要猎物）；另一种成分与河鲀所含的毒素很相似，用来防范那些前来骚扰的鱼类。蓝环章鱼攻击时一般是用像鹦鹉角质喙那样的口部进行咬噬，或者将毒液喷到周围有猎物（通常是螃蟹这样的甲壳动物）游动的水中。它们尖锐的口部能够穿透潜水员的潜水衣。

无药可解的剧毒

　　蓝环章鱼的毒素毒性非常强烈，会使猎物的呼吸系统立即麻痹，并使其在一个半小时之内死亡。人在被蓝环章鱼直接噬咬时并不会有很强烈的痛感，被噬咬者可能一时半会儿觉察不到自己已经受伤，还继续饶有兴趣地在潮间带浅水里拣拾蓝环章鱼。不过，这种毒素将很快产生严重的后果。毒素将很明显地影响人的躯体的神经系统，被噬咬者很快就会感到嘴唇和舌头发麻，视觉变得模糊，触觉丧失，语言和咀嚼能力出现障碍，继而肢体出现麻痹，并伴有眩晕。此时，被噬咬者如果不能及时得到救助，几分钟之内就会发生全身麻痹，接下来就会丧失意识，并且由于缺氧和心脏功能受到破坏而死亡。目前，针对蓝环章鱼还没有有效的抗毒药物，通常必须持续为被噬咬者进行心肺复苏术，直到毒素的毒性减退。这个过程可能持续数小时，但对于被噬咬者来说却意味着生死之别。